AVANT-PROPOS

Dans le cadre des activités du Régime pour l'Application de Normes Internationales aux Fruits et Légumes, créé en 1962 par l'OCDE, des brochures sont publiées sous forme de commentaires et d'illustrations, en vue de faciliter l'interprétation commune des normes en vigueur, tant de la part des services de contrôle que des milieux professionnels responsables de l'application des normes ou intéressés aux échanges internationaux de ces produits.

Le Régime pour l'Application de Normes Internationales aux Fruits et Légumes est ouvert aux pays membres de l'Organisation des Nations Unies ou de ses institutions spécialisées, qui désirent y participer, conformément à la procédure de participation qui fait l'objet de l'annexe II à la Décision du Conseil de l'OCDE C(92)184/FINAL du 18 décembre 1992.

Cette brochure constitue les « commentaires » du Secrétaire général de l'OCDE qui les déclare en harmonie avec la norme « Laitues, chicorées frisées et scaroles »*.

FOREWORD

Within the framework of the activities of the Scheme for the Application of International Standards for Fruit and Vegetables set up by OECD in 1962, explanatory brochures comprising comments and illustrations are published to facilitate the common interpretations of standards in force by both the Controlling Authorities and professional bodies responsible for the application of standards or interested in the international trade in these products.

The Scheme for the Application of International Standards for Fruit and Vegetables shall be open to States being member countries of the United Nations Organisation or its specialised agencies desiring to participate therein in accordance with the procedure for participation set out in Annex II to the Decision C(92)184/FINAL of the OECD Council dated 18 December 1992.

This brochure is to be considered as the "comments" by the Secretary-General of the OECD who declares them in line with the standard for "Lettuces, curled-leaved endives and broad-leaved (batavian) endives".*

---

* Norme également recommandée par la Commission économique pour l'Europe de l'ONU sous la référence FFV-22.
  Standard also recommended by the Economic Commission for Europe of the UN under the reference FFV-22.

TABLEAU COMPARATIF RÉSUMÉ DES DISPOSITIONS DE LA NORME

DISPOSITIONS	CATÉGORIES	
	I	II
Qualité commerciale	Bonne qualité	Qualité marchande
I. Définition du produit (toutes catégories)	Toutes les variétés (cultivars) de : – *Lactuca sativa* L. var. *capitata* L. [laitues pommées, laitues pommées du type « Iceberg »] – *Lactuca sativa* L. var. *longifolia* Lam. [laitues romaines] – des croisements de ces deux variétés [laitues Batavia] – *Cichorium endivia* L. var. *crispa* Lam. [chicorées frisées] – *Cichorium endivia* L. var. *latifolia* Lam. [scaroles]	

II. Caractéristiques minimales (toutes catégories)	– entières
	– saines
	– d'aspect frais
	– turgescentes
	– propres et parées
	– exemptes :
	  • d'humidité extérieure anormale
	  • de toute odeur et/ou saveur étrangères
	– pratiquement exemptes :
	  • de parasites
	  • d'attaques de parasites
	– non montées
	– racines coupées de manière franche au ras des dernières feuilles
	– le développement normal et l'état permettant
	  • de supporter un transport et une manutention
	  • d'arriver dans des conditions satisfaisantes au lieu de destination	

COMPARATIVE SUMMARY TABLE OF REQUIREMENTS LAID DOWN BY THE STANDARD

REQUIREMENTS	CLASSES	
	I	II
Market quality	Good quality	Marketable quality
I. Definition of produce (all classes)	All varieties (cultivars) of: – *Lactuca sativa* L. var. *capitata* L. [cabbage (head) lettuce, crisphead lettuce, "Iceberg" type lettuce] – *Lactuca sativa* L. var. *longifolia* Lam. [cos or romaine lettuce] – crosses of these two varieties ["Batavia" lettuce] – *Cichorium endivia* L. var. *crispa* Lam. [curled-leaved endive] – *Cichorium endivia* L. var. *latifolia* Lam. [broad-leaved (Batavian) endive]	

II. Minimum requirements (all classes)	– intact
	– sound
	– fresh in appearance
	– turgescent
	– clean and trimmed
	– free of:
	  • abnormal external moisture
	  • any foreign smell and/or taste
	– practically free from:
	  • pests
	  • damage caused by pests
	– not running to seed
	– roots neatly cut close to the base of the leaves
	– normal development and condition
	  • to withstand transport and handling
	  • to arrive in a satisfactory condition at place of destination	

TABLEAU COMPARATIF RÉSUMÉ DES DISPOSITIONS DE LA NORME

DISPOSITIONS	CATÉGORIES	
	I	II
Qualité commerciale	Bonne qualité	Qualité marchande
III. Caractéristiques qualitatives		
– Aspect	caractéristique de la variété ou du type	conforme aux caractéristiques minimales
– Forme	bien formées	assez bien formées
– Coloration	caractéristique de la variété ou du type	légers défauts de coloration admis
– État	fermes (à l'exception des laitues cultivées sous abri)	
– Défauts	exemptes d'attaques ou d'altérations qui nuiraient à leur comestibilité	exemptes d'attaques ou d'altérations qui nuiraient fortement à leur comestibilité
	exemptes de dommages dus au gel	légère attaque par des parasites admise
– Formation de la pomme des laitues cultivées en plein air	bien formée et avec une pomme unique	pomme réduite
– Formation de la pomme des laitues cultivées sous abri et des laitues romaines	moins bien formée	absence de pomme admise
– Cœur jaune des chicorées frisées et des scaroles	obligatoire	non obligatoire

COMPARATIVE SUMMARY TABLE OF REQUIREMENTS LAID DOWN BY THE STANDARD

REQUIREMENTS	CLASSES	
	I	II
Market quality	Good quality	Marketable quality
III. Quality requirements		
– Appearance	characteristic of the variety or the type	in keeping with minimum requirements
– Shape	well-formed	reasonably well-formed
– Colouring	characteristic of the variety or the type	slight discolouration allowed
– Condition	firm (with the exception of lettuces grown under protection)	
– Defects	free from damage or deterioration impairing edibility	free from damage or deterioration which may seriously impair edibility
	free from frost damage	slight damage caused by pests is allowed
– Heart formation in the case of lettuces grown in the open	single, well-formed	small heart
– Heart formation in the case of lettuces grown under protection and cos lettuces	less well-formed	absence of heart permissible
– Yellow centre of curled-leaved endives and broad-leaved (Batavian) endives	required	not required

TABLEAU COMPARATIF RÉSUMÉ DES DISPOSITIONS DE LA NORME

DISPOSITIONS	CATÉGORIES	
	I	II
Qualité commerciale	Bonne qualité	Qualité marchande
IV. Calibrage (Le calibre est déterminé par le poids unitaire de chaque pied) A. Poids minimal – Laitues (sauf laitues de type « Iceberg ») • cultivées en plein air • cultivées sous abri	 150 g 100 g	
– Laitues de type « Iceberg » • cultivées en plein air • cultivées sous abri	 300 g 200 g	
– Chicorées frisées et scaroles • cultivées en plein air • cultivées sous abri	 200 g 150 g	
B. Homogénéité de calibre (écart maximal de poids) – Laitues	 40 g pour les pieds pesant moins de 150 g 100 g pour les pieds pesant entre 150 g et 300 g 150 g pour les pieds pesant entre 300 g et 450 g 300 g pour les pieds pesant plus de 450 g	
– Chicorées frisées et scaroles • cultivées en plein air • cultivées sous abri	 150 g 100 g	

COMPARATIVE SUMMARY TABLE OF REQUIREMENTS LAID DOWN BY THE STANDARD

REQUIREMENTS	CLASSES	
	I	II
Market quality	Good quality	Marketable quality
IV. Sizing [Size is determined by weight per one unit (head)]		
A. Minimum weight		
– Lettuces (excluding "Iceberg" type)		
• grown in the open	150 g	
• grown under protection	100 g	
– Crisphead lettuces ("Iceberg" type)		
• grown in the open	300 g	
• grown under protection	200 g	
– Curled-leaved endives and broad-leaved (Batavian) endives		
• grown in the open	200 g	
• grown under protection	150 g	
B. Uniformity of size (maximum difference in weight)		
– Lettuces	40 g in the case of produce weighing less than 150 g 100 g in the case of produce weighing between 150 g and 300 g 150 g in the case of produce weighing between 300 g and 450 g 300 g in the case of produce weighing more than 450 g	
– Curled-leaved endives and broad-leaved (Batavian) endives		
• grown in the open	150 g	
• grown under protection	100 g	

TABLEAU COMPARATIF RÉSUMÉ DES DISPOSITIONS DE LA NORME

DISPOSITIONS	CATÉGORIES	
	I	II
Qualité commerciale	Bonne qualité	Qualité marchande
V. Tolérances (en nombre de pieds)		
– Qualité	10 %	10 %
– Calibre	10 %	10 %
	(mais dans la limite d'un écart maximal de 10 % en plus ou en moins par rapport au calibre défini)	
VI. Présentation (toutes catégories)		
– Homogénéité	– origine – variété – qualité – calibre – la partie apparente du contenu du colis doit être représentative de l'ensemble	
– Conditionnement	– assure une protection appropriée du produit – matériaux à l'intérieur du colis neufs, propres et d'une qualité telle qu'elle permette d'éviter toute détérioration interne ou externe – l'encre ou la colle utilisées pour l'impression ou l'étiquetage ne doivent pas être toxiques – exempt de tout corps étranger	
– Présentation	– rangées sur trois couches au maximum	
• Laitues et chicorées frisées	• dans le cas de deux ou trois couches, deux couches doivent être placées cœur à cœur à moins que les couches ne soient séparées par un moyen de protection approprié	
• Scaroles	• présentées cœur à cœur ou couchées	
• Laitues romaines	• présentées couchées	

COMPARATIVE SUMMARY TABLE OF REQUIREMENTS LAID DOWN BY THE STANDARD

REQUIREMENTS	CLASSES	
	I	II
Market quality	Good quality	Marketable quality
V. Tolerances (number of units)		
– Quality	10%	10%
– Size	10%	10%
	(a deviation of not more than 10% over or under the size specified is allowed)	
VI. Presentation (all classes)		
– Uniformity	– origin – variety – quality – size – visible part of the package must be representative of the entire contents	
– Packaging	– protects produce properly – materials inside the package new and clean and of a quality to avoid causing external or internal damage – non toxic ink or glue on printing or labelling – free of all foreign matter	
– Presentation	– packed in no more than three layers	
• Lettuces and curled-leaved endives	• when packed in two or three layers, two layers should be packed heart-to-heart, unless the layers are separated by protective material	
• Broad-leaved (Batavian) endives	• packed in layers heart-to-heart or flat	
• Cos lettuces	• packed flat	

TABLEAU COMPARATIF RÉSUMÉ DES DISPOSITIONS DE LA NORME

DISPOSITIONS	CATÉGORIES	
	I	II
Qualité commerciale	Bonne qualité	Qualité marchande
VII. Marquage (toutes catégories)	– identification de l'emballeur et/ou de l'expéditeur – « laitues », « laitues Batavia », « laitues Iceberg », « laitues romaines », « chicorées frisées », « scaroles » si le contenu n'est pas visible de l'extérieur – « sous abri », le cas échéant – variété (facultatif) – pays d'origine (indication de la région facultative) – catégorie de qualité – calibre (poids minimal par pied ou nombre de pieds) – poids net (facultatif) – marque officielle de contrôle (facultatif)	

COMPARATIVE SUMMARY TABLE OF REQUIREMENTS LAID DOWN BY THE STANDARD

REQUIREMENTS	CLASSES	
	I	II
Market quality	Good quality	Marketable quality
VII. Marking (all classes)	– identification of packer and/or dispatcher – "lettuces", "butterhead lettuces", "Batavia", "crisphead lettuces (Iceberg)", "cos lettuces", "curled-leaved endives", "broad-leaved (Batavian) endives" where contents are not visible from outside – "grown under protection", where appropriate – variety (optional) – country of origin (region optional) – quality class – size (minimum weight per unit or number of units) – net weight (optional) – official control mark (optional)	

| Texte officiel de la norme | Official text of the standard |

I
DÉFINITION DU PRODUIT

La présente norme vise les laitues des variétés (cultivars) issues du *Lactuca sativa* L. var. *capitata* L. (laitues pommées y compris celles du type « Iceberg »), du *Lactuca sativa* L. var. *longifolia* Lam. (laitues romaines) et des croisements de ces deux variétés, destinées à être livrées à l'état frais au consommateur, à l'exclusion des laitues à couper.

Elle est aussi applicable aux chicorées frisées des variétés (cultivars) issues du *Cichorium endivia* L. var. *crispa* Lam. et aux scaroles des variétés (cultivars) issues du *Cichorium endivia* L. var. *latifolia* Lam., destinées à être livrées à l'état frais au consommateur.

La présente norme ne s'applique pas aux produits destinés à la transformation industrielle.

I
DEFINITION OF PRODUCE

This standard applies to lettuces of *Lactuca sativa* L. var. *capitata* L. of varieties (cultivars) grown from cabbage (head) lettuces including crisphead and "Iceberg" type lettuces of *Lactuca sativa* L. var. *longifolia* Lam. (cos or romaine lettuces) and from crosses of these two varieties to be supplied fresh to the consumer, excluding cutting lettuces.

It also applies to curled-leaved endives of varieties (cultivars) grown from *Cichorium endivia* L. var. *crispa* Lam. and to broad-leaved (Batavian) endives of varieties (cultivars) grown from *Cichorium endivia* L. var. *latifolia* Lam. to be supplied fresh to the consumer.

This standard does not apply to produce for industrial processing.

| Texte interprétatif de la norme | Interpretation of the standard |

DÉFINITION DU PRODUIT

La présente norme vise :
- les laitues : laitues pommées (laitues de type « Iceberg », batavias)
- les laitues romaines
- les chicorées frisées et les scaroles.

Elle ne vise aucune des laitues à couper, « Salad Bowl », « Red salad bowl », « Lollo rossa », « Lollo bionda », par exemple.

DEFINITION OF PRODUCE

This standard applies to:
- lettuces: cabbage or head lettuces (butterhead, crisphead or "Iceberg" type lettuces, Batavias)
- cos lettuces
- curled-leaved endives and broad-leaved (Batavian) endives.

It does not apply to any cutting lettuces, *e.g.* "Salad bowl", "Red salad bowl", "Lollo rossa", "Lollo bionda".

Laitue romaine   Cos lettuce

Texte interprétatif de la norme

Interpretation of the standard

Laitue pommée
Variété à feuilles vertes

Cabbage lettuce
Green-leaved variety

Texte interprétatif de la norme

Interpretation of the standard

Laitue pommée
Variété à feuilles rouges

Cabbage lettuce
Red-leaved variety

**Texte interprétatif
de la norme**

**Interpretation
of the standard**

Laitue « Iceberg »
Variété à feuilles vertes

"Iceberg" lettuce
Green-leaved variety

| **Texte interprétatif de la norme** | **Interpretation of the standard** |

Laitue « Iceberg »
Variété à feuilles rouges

Crisphead lettuce
Red-leaved variety

Texte interprétatif de la norme

Interpretation of the standard

Laitue « Batavia »
Variété à feuilles vertes

"Batavia" lettuce
Green-leaved variety

| **Texte interprétatif de la norme** | **Interpretation of the standard** |

Laitue « Batavia »
Variété à feuilles rouges

"Batavia" lettuce
Red-leaved variety

Texte interprétatif de la norme

Interpretation of the standard

Chicorée frisée

Curled-leaved endive

Texte interprétatif de la norme	Interprétation of the standard

Scarole   Broad-leaved (Batavian) endive

Texte officiel de la norme	Official text of the standard

II
DISPOSITIONS CONCERNANT LA QUALITÉ

La norme a pour objet de définir les qualités que doivent présenter les laitues, chicorées frisées et scaroles au stade du contrôle à l'exportation, après conditionnement et emballage.

A. *Caractéristiques minimales*

Dans toutes les catégories, compte tenu des dispositions particulières prévues pour chaque catégorie et des tolérances admises, les salades doivent être :

- entières ;
- saines, sont exclus les produits atteints de pourriture ou d'altérations telles qu'elles les rendraient impropres à la consommation ;
- propres et parées, c'est-à-dire pratiquement débarrassées de terre ou de tout autre substrat et pratiquement exemptes de matières étrangères visibles ;
- d'aspect frais ;
- pratiquement exemptes de parasites ;
- pratiquement exemptes d'attaques de parasites ;
- turgescentes ;
- non montées ;
- exemptes d'humidité extérieure anormale ;
- exemptes d'odeur et/ou de saveur étrangères.

II
PROVISIONS CONCERNING QUALITY

The purpose of the standard is to define the quality requirements for lettuces, curled-leaved endives and broad-leaved (Batavian) endives at the export control stage, after preparation and packaging.

A. *Minimum requirements*

In all classes, subject to the special provisions for each class and the tolerances allowed, the produce must be:

- intact;
- sound; produce affected by rotting or deterioration such as to make it unfit for consumption is excluded;
- clean and trimmed, *i.e.* substantially free of all earth or other growing medium and practically free of any visible foreign matter;
- fresh in appearance;
- practically free from pests;
- practically free from damage caused by pests;
- turgescent;
- not running to seed;
- free of abnormal external moisture;
- free of any foreign smell and/or taste.

Texte interprétatif de la norme	Interpretation of the standard
CARACTÉRISTIQUES MINIMALES	**MINIMUM REQUIREMENTS**
Les salades doivent présenter, dans toutes les catégories, les caractéristiques minimales suivantes.	In all classes, lettuces must meet the following minimum requirements.
Les salades doivent être :	Lettuces must be:
i) Entières : sans atteinte ou ablation affectant l'intégrité du produit.	**i) Intact:** means not having any mutilation or injury spoiling the integrity of the produce.
Toute la partie comestible doit être entière et les feuilles extérieures doivent être assez nombreuses pour protéger suffisamment la salade, sauf dans le cas des pieds conditionnés individuellement sous film ou en sachet plastique. Une légère détérioration occasionnée pendant la récolte et le conditionnement est admise.	The entire edible part must be intact and the produce must have a sufficient number of outer leaves in order to be properly protected, with the exception of produce individually wrapped in film or packed in plastic bags. Slight damage caused during harvesting and preparation is allowed.
Détérioration due à la grêle	Physical damage by hail

Exclu – Not allowed

| **Texte interprétatif de la norme** | **Interpretation of the standard** |

Détérioration due à la pluie　　　　　　　　　　　　　　　　Physical damage by rain

Exclu – Not allowed

Texte interprétatif de la norme

Interpretation of the standard

Meurtrissure prononcée

Marked bruising

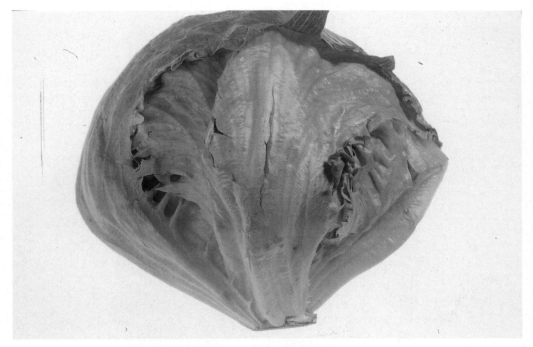

Exclu – Not allowed

Texte interprétatif de la norme

Interpretation of the standard

Toutefois, dans le cas particulier des chicorées frisées, l'extrémité des feuilles peut être enlevée à condition que ni l'aspect ni la qualité de conservation n'en soient affectés.

However, in the particular case of curled-leaved endives, the ends of leaves may be removed provided this does not affect the appearance and the keeping quality.

Chicorée frisée dont l'extrémité des feuilles a été enlevée

End of leaves removed in the case of a curled-leaved endive

Limite admise – Limit allowed

Texte interprétatif de la norme　　　　　　　　　　**Interpretation of the standard**

Chicorée frisée ayant subi un parage excessif　　　　　　Excessively trimmed curled-leaved endive

Exclu – Not allowed

Texte interprétatif de la norme

Interpretation of the standard

ii) Saines : les salades doivent être exemptes de maladies ou de défauts prononcés affectant notablement leur aspect, leur comestibilité ou leur valeur commerciale. En particulier, cela exclut les produits pourris, même si les signes de pourriture sont très légers mais risquent de rendre les produits impropres à la consommation une fois arrivés sur leur lieu de destination.

ii) Sound: the lettuces must be free from disease or serious deterioration which appreciably affects their appearance, edibility or market value. In particular, this excludes produce affected by rotting, even if the signs are very slight but liable to make the produce unfit for consumption upon arrival at its destination.

Brûlure prononcée

Tipburn

Exclu – Not allowed

| Texte interprétatif de la norme | Interpretation of the standard |

Brûlure prononcée – gros plan   Tipburn – close-up

Exclu – Not allowed

| **Texte interprétatif de la norme** | **Interpretation of the standard** |

Pourriture du collet   Basal rot

Exclu – Not allowed

Texte interprétatif de la norme	**Interpretation of the standard**

Mildiou sur la partie comestible — Mildew on the edible part

Exclu – Not allowed

| **Texte interprétatif de la norme** | **Interpretation of the standard** |

Dommages dus au gel nettement visibles sur la partie comestible

Clearly visible damage by frost on the edible part

Exclu – Not allowed

Texte interprétatif de la norme **Interpretation of the standard**

Pourriture sur les feuilles intérieures Rot on the inner leaves

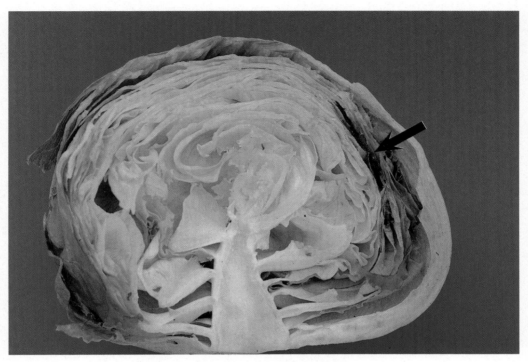

Exclu – Not allowed

Texte interprétatif de la norme	Interpretation of the standard

iii) Propres et parées : les salades doivent être pratiquement dépourvues de traces apparentes de terre, de poussière, de résidus de produits de traitement ou d'autres matières étrangères visibles.

Cependant, les salades comportant des résidus de produits de traitement visibles ne sont pas admises. Seules de légères salissures sur les feuilles extérieures et sur la partie inférieure des salades sont permises.

Les feuilles extérieures maculées, flétries, décolorées, déchiquetées, arrachées ou très abîmées de quelque autre manière, et toutes les feuilles mal attachées au cœur doivent être enlevées.

iii) Clean and trimmed: lettuces must be practically free of visible soil, dust, chemical residue or other visible foreign matter.

However, produce with visible chemical residue is excluded. Only slight traces of soil on the outer leaves and the bottom side of the produce are allowed.

Outer leaves that are soiled, faded, discoloured, torn, broken or seriously damaged in any other way, and all leaves that are badly joined to the heart must be removed.

Laitue très maculée — Heavily soiled lettuce

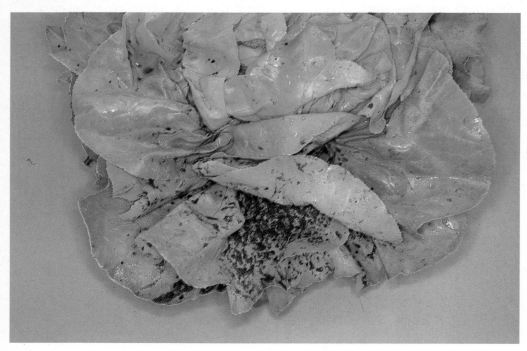

Exclu – Not allowed

Texte interprétatif de la norme

Interpretation of the standard

Scarole très maculée

Heavily soiled broad-leaved (Batavian) endive

Exclu – Not allowed

Texte interprétatif de la norme   **Interpretation of the standard**

Feuilles extérieures très abîmées   Seriously damaged outer leaves

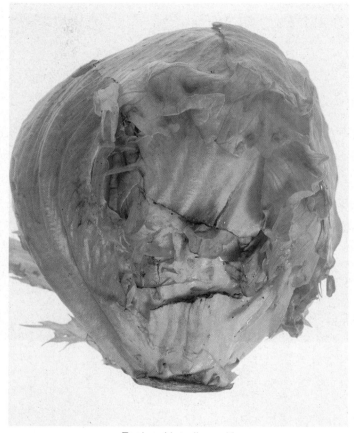

Exclu – Not allowed

Texte interprétatif de la norme	**Interpretation of the standard**
iv) D'aspect frais : les salades doivent être emballées dès que possible après la récolte. Il est recommandé de soumettre les salades à une préréfrigération. Au stade du conditionnement et du chargement, aucun signe de flétrissure ne doit apparaître.	**iv) Fresh in appearance:** lettuces should be packed as soon as possible after harvesting. Precooling of the produce is recommended. During preparation and loading the produce must not show any signs of wilting.

Signes de flétrissure   Signs of wilting

Exclu – Not allowed

Texte interprétatif de la norme	Interpretation of the standard
v) Pratiquement exemptes de parasites : les salades doivent être pratiquement exemptes d'insectes ou d'autres parasites. La présence de parasites peut porter atteinte à la présentation commerciale et à l'acceptation des salades. Les pieds envahis par des parasites doivent être éliminés au cours du conditionnement et de l'emballage. Toutefois, la présence de quelques pucerons isolés sur une part réduite des pieds ne devrait pas entraîner un rejet du lot.	**v) Practically free from pests:** lettuces must be practically free of insects or other pests. The presence of pests can detract from the commercial presentation and acceptance of the produce. Lettuces infested with pests must be excluded during preparation and packing. However, isolated aphids on a restricted part of the produce should not lead to rejection of the lot.

Pied envahi par des parasites Pest infestation

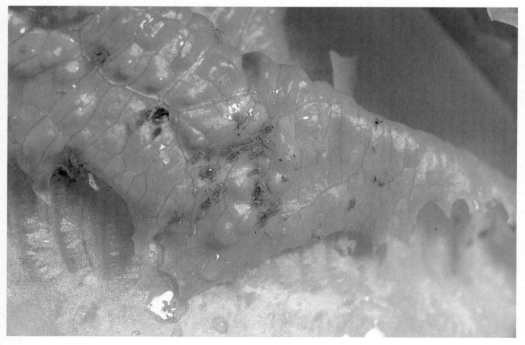

Exclu – Not allowed

Texte interprétatif de la norme	Interpretation of the standard

vi) Pratiquement exemptes d'attaques de parasites : les dommages causés par des parasites peuvent porter atteinte à l'apparence générale, aux possibilités de conservation et de consommation du produit.

Les salades portant des atteintes sur la partie centrale doivent être éliminées. Toutefois, quelques atteintes légères et isolées (morsures par exemple) sur les feuilles extérieures sont admises.

vi) Practically free from damage caused by pests: pest damage can detract from the general appearance, keeping quality and edibility of the produce.

Lettuces with injuries occuring in the centre should be excluded. However, isolated slight injuries (*e.g.* bites) on the outer leaves are allowed.

Morsures d'animaux sur la partie comestible	Animal bites on the edible part

Exclu – Not allowed

| Texte interprétatif de la norme | Interpretation of the standard |

Dommages causés par la mineuse sur la partie comestible

Damage due to miner fly on the edible part

Exclu – Not allowed

| **Texte interprétatif de la norme** | **Interpretation of the standard** |

vii) Non montées : le développement ne doit pas avoir atteint un niveau tel que le bourgeon de la hampe florale puisse être perçu ou constaté à l'examen ou ait provoqué une déformation du cœur.

vii) Not running to seed: development should not have progressed to an extent that the beginnings of the floral stem can be perceived or found on examination or have caused the heart to change its shape.

Laitue montée — Lettuce running to seed

Exclu – Not allowed

| **Texte interprétatif de la norme** | **Interpretation of the standard** |

Scarole montée — Broad-leaved (Batavian) endive running to seed

Exclu – Not allowed

Texte interprétatif de la norme	Interpretation of the standard

viii) Exemptes d'humidité extérieure anormale : cette disposition s'applique en cas d'humidité excessive lorsque, par exemple, de l'eau stagne dans le colis mais ne vise pas la condensation recouvrant les produits à la sortie d'un entrepôt ou véhicule frigorifique. Toutefois, une certaine quantité d'humidité extérieure peut être nécessaire à la conservation de la qualité et est admise.

ix) Exemptes d'odeur et/ou de saveur étrangères : il s'agit en particulier de produits qui auraient séjourné dans un local de stockage mal entretenu ou qui auraient été transportés dans un véhicule mal nettoyé, et notamment de ceux qui auraient pris l'odeur forte dégagée par d'autres produits entreposés dans le même véhicule.

Par exemple, on s'attachera à n'utiliser comme élément de protection dans l'emballage que des matériaux non odorants.

viii) Free of abnormal external moisture: this provision applies to excessive moisture, for example, free water lying inside the package but does not include condensation on produce following release from cool storage or refrigerated vehicle. However, a certain amount of external moisture may be necessary for quality preservation and is allowed.

ix) Free of any foreign smell and/or taste: this refers particularly to produce which has been stored on badly kept premises or has travelled in a badly maintained vehicle, especially produce which has acquired a strong smell from other produce stored on the same premises or travelling in the same vehicle.

For example, care should be taken to use only non-smelling materials as protection in packaging.

Texte officiel de la norme

En ce qui concerne les laitues, un défaut de coloration tirant sur le rouge, causé par une température basse pendant la végétation, est permis à moins qu'il n'en modifie sérieusement l'apparence.

Les racines doivent être coupées de manière franche au ras des dernières feuilles.

Les salades doivent présenter un développement normal. Le développement et l'état des salades doivent être tels qu'ils leur permettent :

- de supporter un transport et une manutention ; et
- d'arriver dans des conditions satisfaisantes au lieu de destination.

Official text of the standard

In the case of lettuce, a reddish discolouration, caused by low temperature during growth, is allowed, unless it seriously affects the appearance of the lettuce.

The roots must be cut close to the base of the outer leaves and the cut must be neat.

The produce must be of normal development. The development and condition of the produce must be such as to enable it:

- to withstand transport and handling; and
- to arrive in satisfactory condition at the place of destination.

Texte interprétatif de la norme	**Interpretation of the standard**
x) Coloration de la laitue tirant sur le rouge : ce défaut de coloration peut être caractéristique de la variété ou avoir été causé par une température basse pendant la période de végétation et ne constitue pas un défaut à condition que les autres caractéristiques de la variété soient présentes. Ce défaut de coloration ne doit toutefois pas être la conséquence d'une maladie.	**x) Reddish discolouration of lettuce:** a reddish discolouration of lettuce may be typical of the variety or may be caused by low temperature during growth and does not represent a defect, provided the other characteristics of the variety are present. However, the deviation in colour must not have been caused by a disease.

Texte interprétatif de la norme	Interpretation of the standard
xi) Parage : les racines doivent être coupées de manière franche, sensiblement perpendiculaire, au ras des feuilles extérieures et la longueur de la partie inférieure ne doit pas excéder 1 cm. Les feuilles doivent rester bien attachées.	**xi) Cutting:** the roots must be cut neatly, virtually perpendicular to the base of the outer leaves and the cut must be neat. The length of the butt should not exceed 1 cm. The leaves must remain firmly attached.
Laitue bien parée	Neatly cut lettuce

| **Texte interprétatif de la norme** | **Interpretation of the standard** |

xii) Développement et état des salades : les caractéristiques relatives au développement sont définies dans le chapitre sur les catégories de qualité et dans le chapitre sur le calibrage, compte tenu des conditions de végétation propres à chaque type de salade.

La conformité au poids minimal n'est pas la seule caractéristique indiquant un développement normal.

S'agissant de l'état de la salade, la fraîcheur est de première importance. Il est conseillé de préréfrigérer les salades et de les transporter dans une enceinte réfrigérée si nécessaire.

En hiver, les salades doivent être protégées du gel.

xii) Development and condition of the produce: the requirements regarding development are established in the chapter on quality classes and the chapter on sizing, in accordance with the individual growing conditions for each type of lettuce.

Compliance with the minimum weight does not alone fulfil the requirements for normal development.

As for the condition of produce, freshness is most important. It is preferable that lettuces should be precooled and transported in refrigerated means of transport, if necessary.

In winter, lettuces must be protected against frost.

| Texte officiel de la norme | Official text of the standard |

B. Classification

Les laitues, les chicorées frisées et les scaroles font l'objet d'une classification en deux catégories définies ci-après :

i) Catégorie I

Les salades classées dans cette catégorie doivent être de bonne qualité. Elles doivent présenter les caractéristiques de la variété ou du type, notamment la coloration.

Les salades doivent être :

- bien formées ;
- fermes (à l'exception des laitues cultivées sous abri) ;
- exemptes de dommages et d'altérations nuisant à leur comestibilité ;
- exemptes de dommages dus au gel.

Les laitues doivent présenter une seule pomme bien formée ; toutefois, en ce qui concerne les laitues cultivées sous abri et les romaines, il est admis que la pomme soit moins bien formée.

La partie centrale des chicorées frisées et des scaroles doit être de couleur jaune.

B. Classification

Lettuces, curled-leaved endives and broad-leaved (Batavian) endives are classified in two classes defined below:

i) Class I

Produce in this class must be of good quality. It must be characteristic of the variety or type, especially the colour.

The produce must also be:

- well formed;
- firm (with the exception of lettuces grown under protection);
- free from damage or deterioration impairing edibility;
- free from frost damage.

Lettuces must have a single and well-formed heart. However, in the case of cabbage lettuces grown under protection and cos lettuces, the heart may be less well-formed.

The centre of curled-leaved endives and broad-leaved (Batavian) endives must be yellow in colour.

Texte interprétatif de la norme

Interpretation of the standard

ANALYSE DE LA CATÉGORIE I

Les salades classées dans cette catégorie doivent être de bonne qualité et de présentation soignée. En pratique, les salades classées dans cette catégorie doivent constituer la grande masse des salades livrées au commerce international.

Caractéristiques qualitatives

Les salades doivent présenter les caractéristiques de la variété ou du type, notamment la couleur (s'agissant du défaut de coloration tirant sur le rouge, se reporter à l'explication dans les caractéristiques minimales).

Les salades doivent être :
- bien formées : les salades doivent présenter la forme caractéristique de la variété ;
- fermes (à l'exception des laitues cultivées sous abri) : les salades doivent avoir un aspect frais, être turgescentes et fermes, aucune flétrissure n'est admise. Les laitues cultivées sous abri* peuvent être moins fermes ;

ANALYSIS OF CLASS I

Lettuces in this class must be of good quality and carefully presented. In practice, produce in this class should represent the bulk of produce moving in international trade.

Quality requirements

Lettuces must display the characteristics of the variety or the type especially the colour (for reddish discolouration see explanation on minimum requirements).

Lettuces must be:
- well formed: the produce must have the shape typical of the variety;
- firm (with the exception of lettuces grown under protection). The produce must be fresh in appearance, turgescent and firm, *i.e.* wilting is not allowed. Lettuces grown under protection* may be less firm;

---

* On considère que les produits sont cultivés « sous abri » lorsque leur production est conduite sous une structure couverte de verre, de plastique ou d'un autre matériau de protection pendant toute la période de production.

* The produce is considered to be "grown under protection" when grown in an area under a structure covered with glass, plastic or other protective material for the entire production period.

Texte interprétatif de la norme

- exemptes de dommages ou d'altérations nuisant à leur comestibilité : des défauts tels que de petites taches brunes, des meurtrissures légères, des dommages légers sur quelques feuilles extérieures sont admis. Toutefois, la partie centrale ne doit comporter aucun défaut ;
- exemptes de dommages dus au gel : dans cette catégorie, aucun dommage dû au gel n'est admis.

Interpretation of the standard

- free from damage or deterioration impairing edibility: defects such as small brown spots, slight bruises, slight injuries on some of the outer leaves are permitted. However, the centre part must not have any defects;

- free from frost damage: in this class, no frost damage is allowed.

Texte interprétatif de la norme

Interpretation of the standard

Légers défauts : de légers défauts sont admis à condition qu'ils ne portent pas atteinte à l'aspect général du produit, à sa qualité, à sa conservation et à sa présentation dans l'emballage.

Slight defects: slight defects are allowed which do not affect the general appearance of the produce, the quality, the keeping quality and presentation in the package.

Dommages légers sur les feuilles extérieures

Slight damage on the outer leaves

Limite admise – Limit allowed

Texte interprétatif de la norme

Interpretation of the standard

Légères traces de nécrose sur les feuilles extérieures d'une laitue cultivée en plein air

Slight traces of necrotic tissue on the outer leaves of lettuce grown in the open

Limite admise – Limit allowed

Texte interprétatif de la norme

Interpretation of the standard

Légères traces de nécrose sur les feuilles extérieures d'une laitue cultivée en plein air – gros plan

Slight traces of necrotic tissue on the outer leaves of lettuce grown in the open – close-up

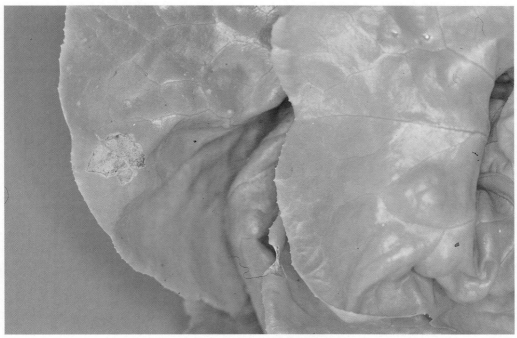

Limite admise – Limit allowed

| **Texte interprétatif de la norme** | **Interpretation of the standard** |

Formation de la pomme : les laitues doivent présenter une seule pomme bien formée. Toutefois, dans le cas des laitues pommées cultivées sous abri et des laitues romaines, la pomme peut être moins bien formée. Les laitues doivent présenter une pomme en rapport avec leur poids et leur mode de culture. Elles doivent avoir un nombre suffisant de feuilles extérieures, à moins que les pieds ne soient enveloppés individuellement.

Dans le cas des laitues « Iceberg » et des laitues romaines, on ne peut vérifier la formation de la pomme que par une légère pression des doigts et/ou en faisant une coupe longitudinale.

Heart formation: lettuces must have a single and well-formed heart. However, in the case of head lettuces grown under protection and cos lettuces, the heart may be less well formed: the lettuces should have a heart formation corresponding to their weight and the method of cultivation. They must have a sufficient number of outer leaves, provided they are not individually wrapped.

In the case of "Iceberg" lettuces (crisphead) and cos lettuces, the heart formation can only be judged by lightly pressing with the fingers and/or by making a longitudinal cut.

Formation de la pomme d'une laitue pommée cultivée en plein air

Heart formation of butterhead lettuce grown in the open

Minimum requis – Minimum required

Texte interprétatif de la norme

Interpretation of the standard

Formation de la pomme d'une laitue pommée cultivée sous abri

Heart formation of butterhead lettuce grown under protection

Minimum requis – Minimum required

| **Texte interprétatif de la norme** | **Interpretation of the standard** |

Formation de la pomme d'une laitue « Iceberg » cultivée en plein air

Heart formation of "Iceberg" lettuce grown in the open

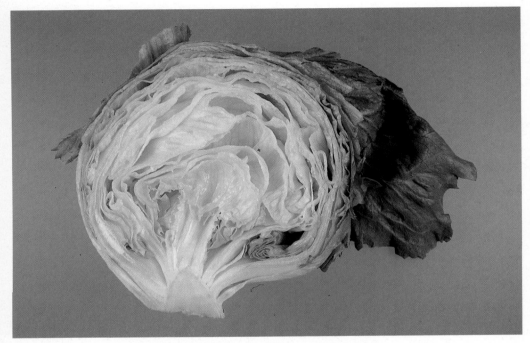

Minimum requis – Minimum required

| **Texte interprétatif de la norme** | **Interpretation of the standard** |

Formation de la pomme d'une laitue
« Iceberg » cultivée sous abri

Heart formation of "Iceberg" lettuce grown under protection

Minimum requis – Minimum required

Texte interprétatif de la norme	Interpretation of the standard

Pour les laitues romaines, les feuilles centrales peuvent former un cœur non serré et quelques feuilles extérieures doivent protéger le pied. Les chicorées frisées et les scaroles doivent présenter une rosette bien formée.

In the case of cos lettuces, the inner leaves may form a loose heart and there should also be a few protective outer leaves. Curled-leaved endives and broad-leaved (Batavian) endives should show good rosetting.

Texte interprétatif de la norme

Interpretation of the standard

Formation du cœur d'une laitue romaine

Heart formation of cos lettuce

Minimum requis – Minimum required

Texte interprétatif de la norme	Interpretation of the standard
Partie centrale jaune des chicorées : la partie centrale des chicorées frisées et des scaroles doit être de couleur jaune.	**Yellow centre of endives:** the centre of curled-leaved endives and broad-leaved (Batavian) endives must be yellow in colour.
Partie centrale jaune d'une chicorée frisée	Yellow centre of a curled-leaved endive

Minimum requis – Minimum required

Texte interprétatif de la norme	Interpretation of the standard

Partie centrale jaune d'une scarole	Yellow centre of a broad-leaved (Batavian) endive

Minimum requis – Minimum required

Texte officiel de la norme	Official text of the standard

ii) Catégorie II

Cette catégorie comprend les salades qui ne peuvent être classées dans la catégorie I mais correspondent aux caractéristiques minimales ci-dessus définies.

Les salades doivent être :

– assez bien formées ;
– exemptes de défauts ou d'altérations pouvant nuire sérieusement à leur comestibilité.

Les salades peuvent :

– présenter de légers défauts de coloration ;
– être légèrement attaquées par des parasites.

Les laitues peuvent avoir une pomme réduite; toutefois, pour les laitues cultivées sous abri et pour les romaines, l'absence de pomme est admise.

ii) Class II

This class includes produce which do not qualify for inclusion in Class I, but satisfy the minimum requirements specified above.

The produce must be:

– reasonably well-formed;
– free from damage and deterioration which may seriously impair edibility.

The produce may show:

– slight discolouration;
– slight damage caused by pests.

Lettuces may have a small heart. However, in the case of cabbage lettuces grown under protection and cos lettuces, absence of heart is permissible.

Texte interprétatif de la norme	Interpretation of the standard

ANALYSE DE LA CATÉGORIE II | ANALYSIS OF CLASS II

Les salades classées dans cette catégorie doivent être de qualité marchande et de présentation convenable.

Cette catégorie comprend les salades qui ne peuvent être classées dans la catégorie I mais correspondent aux caractéristiques minimales ci-dessus définies et sont aptes à la consommation humaine.

Lettuces in this class must be of marketable quality and suitably presented.

This class includes lettuces which do not qualify for inclusion in Class I, but satisfy the minimum requirements specified above and are suitable for human consumption.

Caractéristiques qualitatives | Quality requirements

Les salades doivent être :

– Assez bien formées : des défauts de forme de la pomme ou de la rosette sont admis, à condition qu'il n'y ait pas de déformation excessive et qu'elle ne résulte pas du développement d'une hampe florale. Certaines feuilles extérieures peuvent manquer.

Lettuces must be:

– Reasonably well-formed: defects in the shape of the heart or the rosette are allowed, provided there is no excessive deformation and the deviation is not the result of the development of a floral stem. Some of the outer leaves may be missing.

Défaut de forme d'une laitue « Iceberg » — Defect in shape of "Iceberg" lettuce

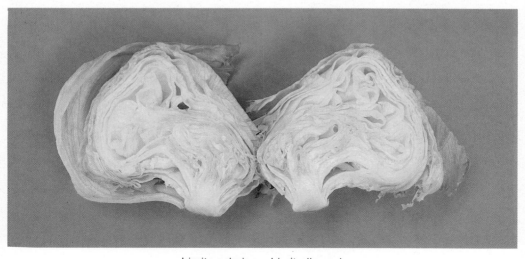

Limite admise – Limit allowed

Texte interprétatif de la norme

Interpretation of the standard

– Exemptes de défauts ou d'altérations pouvant nuire sérieusement à leur comestibilité : des altérations des feuilles extérieures sont admises à condition que l'aspect général de la salade n'en soit pas affecté. Le bord de certaines feuilles extérieures peut porter des meurtrissures, des craquelures ou des marques de grêle ; la nervure centrale de deux feuilles extérieures, au maximum, peut être brisée. Les feuilles extérieures peuvent montrer les premiers signes de flétrissure ou des traces de gel. Toutefois, ces défauts ne doivent pas apparaître sur la partie centrale du pied de salade.

– Free from damage or deterioration which may seriously impair edibility: damage of the outer leaves is allowed, provided this does not affect the general appearance of the produce. The margins of some of the outer leaves may show bruises, cracks or hail damage; up to two outer leaves may have a broken midrib. The outer leaves may show the first signs of wilting or traces of frost damage. However, these defects are not allowed on the centre part of the produce.

Dommages sur les feuilles extérieures Damage on the outer leaves

Limite admise – Limit allowed

| **Texte interprétatif de la norme** | **Interpretation of the standard** |

| Défaut de coloration brun/jaune sur le bord de certaines feuilles extérieures | Yellow/brown discolouration of the margins of some of the outer leaves |

Limite admise – Limit allowed

Défauts : les salades peuvent présenter les défauts suivants à condition de garder leurs caractéristiques essentielles de qualité, de conservation et de présentation.
- Léger défaut de coloration : la salade peut présenter un léger défaut de coloration par rapport à la couleur caractéristique de la variété ou du type, à condition que ce défaut ne soit pas dû à une maladie et qu'il ne nuise pas à l'aspect général du produit.
- Légères traces d'attaques par des parasites : ces altérations sont admises sur les feuilles extérieures uniquement, et à condition qu'elles ne nuisent pas à l'aspect général du produit.

Defects: the following defects may be allowed provided the lettuces retain their essential characteristics as regards quality, keeping quality and presentation.
- Slight discolouration: the produce may show a slight deviation from the colour characteristic of the variety or type, provided this is not caused by disease and the general appearance of the produce is not impaired.
- Slight damage caused by pests: such damage is allowed on the outer leaves only, provided the general appearance is not impaired.

Texte interprétatif de la norme	Interpretation of the standard
Formation de la pomme : les laitues peuvent présenter une pomme réduite. Toutefois, dans le cas des laitues pommées cultivées sous abri et des laitues romaines, l'absence de pomme est admise.	**Heart formation:** lettuces may have a small heart. However, in the case of cabbage lettuces grown under protection and cos lettuces, absence of heart is permissible.
Formation de la pomme d'une laitue pommée cultivée en plein air	Heart formation of butterhead lettuce grown in the open

Minimum requis – Minimum required

| **Texte interprétatif de la norme** | **Interpretation of the standard** |

Formation de la pomme d'une laitue pommée cultivée sous abri

Heart formation of butterhead lettuce grown under protection

Absence de pomme admise – Absence of heart permissible

| **Texte interprétatif de la norme** | **Interpretation of the standard** |

Formation de la pomme d'une laitue « Iceberg » cultivée en plein air

Heart formation of "Iceberg" lettuce grown in the open

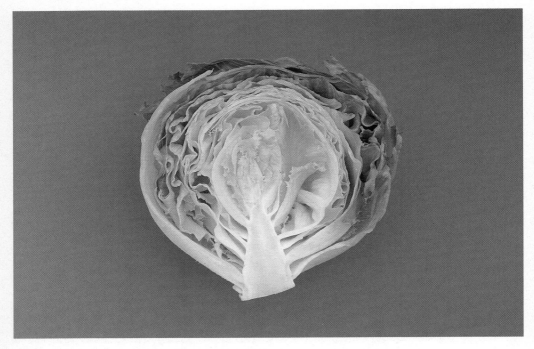

Minimum requis – Minimum required

Texte interprétatif de la norme

Interpretation of the standard

Formation de la pomme d'une laitue « Iceberg » cultivée sous abri

Heart formation of "Iceberg" lettuce grown under protection

Minimum requis – Minimum required

**Texte officiel
de la norme**

**Official text
of the standard**

III
DISPOSITIONS CONCERNANT LE CALIBRAGE

Le calibre est déterminé par le poids unitaire.

A. Poids minimal

Le poids minimal s'élève pour les catégories I et II à :

	Plein air	Sous abri
Laitues (à l'exclusion du type « Iceberg »)	150 g	100 g
Laitues de type « Iceberg »	300 g	200 g
Chicorées frisées et scaroles	200 g	150 g

III
PROVISIONS CONCERNING SIZING

Size is determined by the weight of one unit.

A. Minimum weight

The minimum weight for Classes I and II is:

	Open-grown	Grown under protection
Lettuces (excluding "Iceberg" type)	150 g	100 g
Crisphead lettuces and "Iceberg" type	300 g	200 g
Curled-leaved endives and broad-leaved (Batavian) endives	200 g	150 g

Texte interprétatif de la norme	Interpretation of the standard

CALIBRAGE

Le calibrage est obligatoire pour les deux catégories.

Le calibre est déterminé par le poids unitaire de chaque pied. Il porte sur deux éléments : le poids minimal et l'homogénéité du calibre.

Les salades classées dans les deux catégories doivent peser au moins le poids indiqué dans la section III : DISPOSITIONS CONCERNANT LE CALIBRAGE (poids minimal).

Toutefois, lorsqu'un poids minimal plus élevé est marqué sur le colis, les pieds doivent peser au moins ce poids. Pour déterminer si le poids est conforme, il faut peser séparément chaque pied contenu dans chaque colis échantillonné et arrondir à la dizaine de grammes supérieure le poids ainsi obtenu.

SIZING

Sizing is compulsory for both classes.

Size is determined by the weight of one unit (head). Two factors must be considered: minimum weight and uniformity of size.

In both classes the produce must at least attain the weight stated in section III: PROVISIONS CONCERNING SIZING (minimum size).

However, if a higher minimum size is stated on the package, the produce must attain at least this weight. To determine if this weight is met, each unit in the package must be weighed separately, and the weight thus established is to be rounded up to the next whole 10 g.

| Texte officiel de la norme | Official text of the standard |

B. Homogénéité

a) Laitues

Pour toutes les catégories, dans un même colis, l'écart de poids entre le pied le plus léger et le pied le plus lourd ne doit pas excéder :

- 40 g pour les laitues d'un poids inférieur à 150 g par pied ;
- 100 g pour les laitues d'un poids compris entre 150 g et 300 g par pied ;
- 150 g pour les laitues d'un poids compris entre 300 g et 450 g par pied ;
- 300 g pour les laitues d'un poids supérieur à 450 g par pied.

b) Chicorées frisées et scaroles

Pour toutes les catégories, dans un même colis, l'écart de poids entre le pied le plus léger et le pied le plus lourd ne doit pas excéder :

- 150 g pour les chicorées frisées et les scaroles cultivées en plein air ;
- 100 g pour les chicorées frisées et les scaroles cultivées sous abri.

B. Uniformity

a) Lettuces

In all classes, the difference between the lightest and heaviest units in each package must not exceed:

- 40 g for lettuces weighing less than 150 g per unit;
- 100 g for lettuces weighing between 150 g and 300 g per unit;
- 150 g for lettuces weighing between 300 g and 450 g per unit;
- 300 g for lettuces weighing more than 450 g per unit.

b) Curled-leaved and broad-leaved (Batavian) endives

In all classes, the difference between the lightest and heaviest units in each package must not exceed:

- 150 g for open-grown curled-leaved and broad-leaved (Batavian) endives;
- 100 g for curled-leaved and broad-leaved (Batavian) endives grown under protection.

Texte interprétatif de la norme

Outre le poids minimal, une homogénéité de calibre (écart maximal de poids) doit être respectée, ainsi qu'il est indiqué dans la section III : DISPOSITIONS CONCERNANT LE CALIBRAGE.

Lorsque l'on détermine l'homogénéité de calibre, le poids minimal marqué ne doit pas toujours être assimilé à la limite inférieure de l'écart autorisé. A partir du poids constaté pour chaque pied, l'homogénéité de calibre doit être établie de sorte que le plus grand nombre possible de pieds y soit compris.

Exemple :

24 pieds de laitue par colis, d'un poids minimal indiqué de 130 g.

— Poids mesuré en g :

140	140	150	150	150	160
160	160	160	160	170	170
170	170	170	170	180	180
190	190	200	210	210	210

— Écarts maximaux de poids (homogénéité de calibre) :
- 1re possibilité : 130-170 g
  (8 pieds non conformes au calibre indiqué)
- 2e possibilité : 140-180 g
  (6 pieds non conformes au calibre indiqué)
- 3e possibilité : 150-250 g
  (8 pieds non conformes au calibre indiqué)

Le contrôleur qui vérifie l'écart de poids doit choisir un calibre qui inclut le maximum de pieds. Par conséquent, la 3e possibilité est celle qui est appropriée.

Interpretation of the standard

Irrespective of the minimum weight, a specific size range (uniformity of size) must be met, as laid down in section III: PROVISIONS CONCERNING SIZING.

When calculating the size range the minimum size stated must not always be considered to be the lowest size packed. Starting out from the individual weights established, the actual size range packed must be calculated to ensure the highest possible number of lettuce fall within this range.

Example:

24 units of lettuce per package with a given minimum size of 130 g.

— Weights measured in g:

140	140	150	150	150	160
160	160	160	160	170	170
170	170	170	170	180	180
190	190	200	210	210	210

— Size ranges (uniformity of size):
- 1st possibility: 130-170 g
  (8 units do not comply with the size range)
- 2nd possibility: 140-180 g
  (6 units do not comply with the size range)
- 3rd possiblity: 150-250 g
  (2 units do not comply with the size range)

The inspector checking the size range should choose a range that includes the maximum number of units. Therefore, the 3rd possibility is the appropriate one.

| Texte officiel de la norme | Official text of the standard |

IV
DISPOSITIONS CONCERNANT LES TOLÉRANCES

Des tolérances de qualité et de calibre sont admises dans chaque colis pour les produits non conformes aux exigences de la catégorie indiquée.

A. Tolérances de qualité

i) Catégorie I

10 pour cent en nombre de pieds ne correspondant pas aux caractéristiques de la catégorie mais conformes à celles de la catégorie II ou, exceptionnellement, admis dans les tolérances de cette catégorie.

ii) Catégorie II

10 pour cent en nombre de pieds ne correspondant pas aux caractéristiques de la catégorie ni aux caractéristiques minimales, à l'exclusion des produits atteints de pourriture ou de toute autre altération les rendant impropres à la consommation.

IV
PROVISIONS CONCERNING TOLERANCES

Tolerances in respect of quality and size shall be allowed in each package for produce not satisfying the requirements of the class indicated.

A. Quality tolerances

i) Class I

10 per cent by number of units not satisfying the requirements of the class, but meeting those of Class II or, exceptionally, coming within the tolerances of that class.

ii) Class II

10 per cent by number of units satisfying neither the requirements of the class, nor the minimum requirements, with the exception of produce affected by rotting or any other deterioration rendering it unfit for consumption.

| **Texte interprétatif de la norme** | **Interpretation of the standard** |

TOLÉRANCES

Les tolérances sont destinées à tenir compte de l'erreur humaine dans les opérations de classement qualitatif et de conditionnement. Lors du classement qualitatif et du calibrage, il n'est pas admis d'inclure à dessein les produits non conformes à la qualité requise, c'est-à-dire d'exploiter délibérément les tolérances.

Les tolérances sont déterminées après examen de chaque colis échantillon et par la moyenne d'ensemble des échantillons examinés. Les tolérances sont exprimées par le pourcentage, en nombre d'unités (pieds), de produits de l'échantillon global non conformes à la catégorie ou au calibre annoncés.

Tolérances de qualité

i) Catégorie I
10 % en nombre de pieds correspondant aux caractéristiques de la catégorie II et/ou, exceptionnellement, admis dans les tolérances de la catégorie II.

ii) Catégorie II
10 % en nombre de pieds ne correspondant ni aux caractéristiques de la catégorie, ni aux caractéristiques minimales, à l'exclusion de pieds atteints de pourriture ou de toute autre altération les rendant impropres à la consommation, c'est-à-dire à l'exclusion de pieds flétris, atteints de maladie sur la partie comestible, d'infestation importante de parasites, d'altérations prononcées dues au gel ou portant des résidus visibles de substances chimiques.

TOLERANCES

Tolerances are provided to allow for human error during the grading and packing process. During grading and sizing it is not permitted to deliberately include out of grade produce, *i.e.* to exploit the tolerances deliberately.

The tolerances are determined by examining each sample package and taking the average of all samples examined. The tolerances are stated in terms of percentage by number of units (heads) in the total sample not conforming to the class or to the size claimed.

Quality tolerances

i) Class I
10% by number of units satisfying the requirements of Class II and/or, exceptionally, coming within the tolerances of Class II.

ii) Class II
10% by number of units satisfying neither the requirements of the class nor the minimum requirements with the exception of produce affected by rotting or any other deterioration rendering it unfit for consumption, *e.g.* produce with diseases on the edible part, serious pest infestations, wilting, pronounced damage caused by frost or visible residues of chemical substances is excluded.

Texte officiel de la norme	Official text of the standard

B. Tolérances de calibre

Pour toutes les catégories : 10 pour cent en nombre de pieds ne répondant pas au calibre défini mais d'un poids inférieur ou supérieur de 10 pour cent au maximum à celui-ci.

B. Size tolerances

For all classes: 10 per cent by number of units not satisfying the standard size, but weighing no more than 10 per cent over or under that size.

Texte interprétatif de la norme

Tolérances de calibre

– Écart par rapport au poids minimal : 10 % en nombre de pieds peuvent peser jusqu'à 10 % de moins que le poids minimal fixé ou donné.
– Écart par rapport à l'homogénéité de calibre : 10 % en nombre de pieds peuvent se situer dans la fourchette de 10 % de part et d'autre de l'homogénéité de calibre fixée. Toutefois, si la tolérance est déjà exploitée parce que les pieds pèsent moins que le poids minimal, aucun autre écart n'est admis. Si l'on se réfère à l'exemple donné dans le texte interprétatif concernant le calibrage, il en résulte qu'aucun pied ne pèse moins que les 130 g indiqués.
– Par conséquent, 10 % des pieds peuvent s'écarter de 10 % au maximum de l'homogénéité de calibre fixée, c'est-à-dire que ces 10 % peuvent peser jusqu'à 15 g de moins que 150 g ou jusqu'à 25 g de plus que 250 g. Deux pieds pèsent 10 g de moins que 150 g, par conséquent la tolérance de calibrage est respectée.

Interpretation of the standard

Size tolerances

– Deviation from the minimum weight: 10% by number of units weighing up to 10% less than the established or given minimum weight.
– Deviation from the size range: 10% by number of units may be allowed up to 10% above or below the established size range. However, if the tolerance is already used due to produce being below the minimum weight, no further allowances are permitted. In relation to the example given in the explanatory text concerning sizing, this means no produce weighs less than the stated 130 g.

– Thus 10% of units may deviate from the established size range up to 10%, *i.e.* these 10% may weigh up to 15 g less than 150 g or up to 25 g more than 250 g. Two units are weighing 10 g less than 150 g, *i.e.* the size tolerance is complied with.

| Texte officiel de la norme | Official text of the standard |

V
DISPOSITIONS CONCERNANT LA PRÉSENTATION

A. Homogénéité

Le contenu de chaque colis doit être homogène et ne comporter que des salades de même origine, variété, qualité et calibre.

La partie apparente du contenu du colis doit être représentative de l'ensemble.

V
PROVISIONS CONCERNING PRESENTATION

A. Uniformity

The contents of each package must be uniform and contain only produce of the same origin, variety or type, quality and size.

The visible part of the contents of the package must be representative of the entire contents.

Texte interprétatif de la norme	Interpretation of the standard
PRÉSENTATION	**PRESENTATION**
Homogénéité	**Uniformity**
Le contenu de chaque colis doit être homogène et ne comporter que des salades de même origine, variété ou type, qualité et calibre.	The contents of each package must be uniform and contain only lettuces of the same origin, variety, quality and size.
On veillera particulièrement à réprimer le fardage, qui consiste à dissimuler dans les couches inférieures du colis les produits de qualité et de calibre moindres que ceux qui sont visibles et spécifiés par le marquage.	A special effort should be made to suppress camouflage, *i.e.* concealing in the lower layers of the package produce inferior in quality and size to that displayed and marked.
De même, est exclue toute méthode ou pratique de conditionnement visant à conférer à la couche supérieure visible du colis un aspect trompeur.	Similarly prohibited is any packaging method or practice intended to give a deceptively superior appearance to the top layer of the consignment.

| Texte officiel de la norme | Official text of the standard |

B. Conditionnement

Les salades doivent être conditionnées de façon à assurer une protection convenable du produit. Le conditionnement doit être rationnel pour un calibre et un emballage donnés, c'est-à-dire sans vides ni pression excessive.

Les matériaux utilisés à l'intérieur du colis doivent être neufs, propres et de matière telle qu'ils ne puissent causer aux produits d'altérations externes ou internes. L'emploi de matériaux et notamment de papier ou de timbres comportant des indications commerciales est autorisé, sous réserve que l'impression ou l'étiquetage en soient réalisés à l'aide d'une encre ou d'une colle non toxiques.

Les colis doivent être exempts de tout corps étranger, notamment de feuilles détachées et de parties de trognon.

B. Packaging

The produce must be packed in such a way as to protect it properly. It must be reasonably packed having regard to the size and type of packaging, without empty spaces or crushing.

The materials used inside the package must be new, clean and of a quality such as to avoid causing any external or internal damage to the produce. The use of materials, particularly of paper or stamps bearing trade specifications is allowed provided the printing or labelling has been done with non-toxic ink or glue.

Packages must be free of all foreign matter, such as loose leaves and parts of stalk.

Texte interprétatif de la norme	Interpretation of the standard

Conditionnement

La qualité, la solidité et la conception des emballages doivent leur permettre de protéger les produits lors du transport et des manutentions.

Il convient d'assurer une protection appropriée du produit à l'aide de matériaux neufs et propres à l'intérieur de l'emballage et d'éviter que des corps étrangers tels que feuilles, sable ou terre ne nuisent à sa bonne présentation.

Le manque de propreté manifeste constaté dans plusieurs colis, peut entraîner un refoulement de la marchandise.

Packaging

Packages must be of a quality, strength and characteristics to protect the produce during transport and handling.

This provision is designed to ensure suitable protection of the produce by means of materials inside the package which are new and clean and also to prevent foreign bodies such as leaves, sand or soil from spoiling its good presentation.

A visible lack of cleanliness in several packages could result in the goods being rejected.

Texte interprétatif de la norme

Interpretation of the standard

Présentation soignée

Careful presentation

Texte interprétatif de la norme | **Interpretation of the standard**

Protection insuffisante dans l'emballage   Not suitably protected

Exclu – Not allowed

| **Texte officiel de la norme** | **Official text of the standard** |

C. Présentation

Les salades doivent être présentées rangées sur trois couches au maximum.

Les laitues et les chicorées frisées doivent être placées cœur à cœur lorsqu'elles sont présentées sur deux couches, à moins d'être protégées ou séparées par un moyen de protection approprié. Dans le cas de la présentation sur trois couches, deux d'entre elles doivent être placées cœur à cœur.

Les scaroles peuvent être présentées cœur à cœur ou couchées.

Les romaines peuvent être présentées couchées.

C. Presentation

The produce must be packed in rows of no more than three layers.

When packed in two layers, lettuces and curled-leaved endives must be placed heart-to-heart unless suitably protected or separated. If arranged in three layers, the produce must be placed heart-to-heart in two of them.

Broad-leaved (Batavian) endives may be packed heart-to-heart or flat.

Cos lettuce may be packed flat.

| **Texte interprétatif de la norme** | **Interpretation of the standard** |

Présentation

Les salades peuvent être présentées sur une, deux ou trois couches. Lorsqu'elles sont présentées sur deux (ou trois) couches, les laitues et les chicorées frisées doivent être placées cœur à cœur (sur deux couches), à moins d'être séparées par un moyen de protection approprié, une feuille de papier par exemple.

Les scaroles et les laitues romaines peuvent aussi être présentées couchées.

Presentation

Lettuces may be packed in one, two or three layers. When packed in two (or three) layers, lettuces and curled-leaved endives must be placed heart-to-heart (in two of them), unless separated by suitable protective material *e.g.* a sheet of paper.

Broad-leaved (Batavian) endives and cos lettuces may also be packed flat.

Texte interprétatif de la norme	**Interpretation of the standard**
Laitues pommées présentées sur deux couches et placées cœur à cœur	Butterhead lettuces packed in two layers and placed heart-to-heart

Texte interprétatif de la norme

Interpretation of the standard

Laitues pommées présentées en sachets de plastique

Butterhead lettuces packed in film bags

| **Texte interprétatif de la norme** | **Interpretation of the standard** |

Laitue « Iceberg » sous film — "Iceberg" lettuce wrapped in film

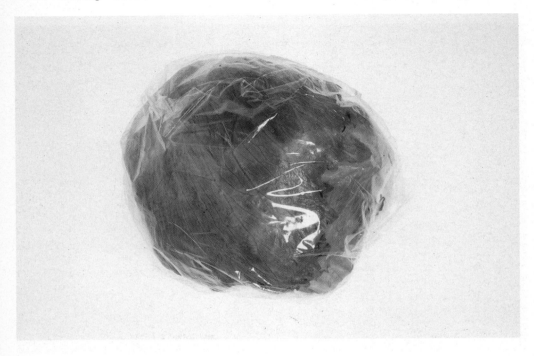

Texte interprétatif de la norme	**Interpretation of the standard**

Laitues romaines présentées couchées	Cos lettuces packed flat

| Texte officiel de la norme | Official text of the standard |

VI
DISPOSITIONS CONCERNANT LE MARQUAGE

Chaque colis[1] doit porter, en caractères groupés sur un même côté, lisibles, indélébiles et visibles de l'extérieur, les indications ci-après :

A. Identification

Emballeur et/ou expéditeur } Nom et adresse ou identification symbolique délivrée ou reconnue par un service officiel[2]

B. Nature du produit

– « Laitues », « laitues Batavia », « laitues Iceberg », « laitues romaines », « chicorées-frisées », « scaroles » ou toute appellation synonyme, si le contenu n'est pas visible de l'extérieur.

– La mention « sous abri », le cas échéant.

– Nom de la variété (facultatif).

VI
PROVISIONS CONCERNING MARKING

Each package[1] must bear the following particulars in letters grouped on the same side, legibly and indelibly marked, and visible from the outside:

A. Identification

Packer and/or dispatcher } Name and address or officially issued or accepted code mark[2]

B. Nature of produce

– "Lettuces", "butterhead lettuces", "batavia", "crisphead lettuces (Iceberg)", "cos lettuces", "curled-leaved endives" or "broad-leaved (Batavian) endives", or all other synonyms if the contents are not visible from the outside.

– An indication "grown under protection" where appropriate.

– Name of variety (optional).

---

1. Les emballages unitaires de produits préemballés destinés à la vente directe au consommateur ne sont pas soumis à ces règles de marquage mais doivent répondre aux dispositions nationales prises en la matière. En revanche, ces indications doivent, en tout état de cause, être apposées sur l'emballage de transport contenant ces unités.
2. Selon la législation nationale de certains pays européens, le nom et l'adresse doivent être indiqués explicitement.

1. Package units of produce prepacked for direct sale to the consumer shall not be subject to these marking provisions but shall conform to the national requirements. However, the markings referred to shall in any event be shown on the transport packaging containing such package units.
2. The national legislation of a number of European countries requires the explicit declaration of the name and address.

Texte interprétatif de la norme	Interpretation of the standard

MARQUAGE / MARKING

Toutes les indications doivent être groupées sur un même côté du colis, soit sur une étiquette solidement fixée au colis, soit par impression directe à l'aide d'une encre résistant à l'eau. Les emballages de réemploi doivent avoir été soigneusement débarrassés de toutes les étiquettes précédemment fixées et les mentions antérieures avoir été oblitérées.

All particulars must be grouped on the same side of the package, either on a label attached to or printed on the package with water-insoluble ink. In the case of reused packages, all previous labels must be carefully removed and previous indications deleted.

Identification

Aux fins du contrôle, le mot « emballeur » désigne la personne ou l'entreprise qui a la responsabilité du conditionnement des produits dans l'emballage (il ne s'agit pas en l'espèce du personnel d'exécution dont la responsabilité n'existe que devant l'employeur). L'identification symbolique s'entend non par référence à une marque commerciale, mais à un système contrôlé par un organisme officiel et permettant de reconnaître sans équivoque le responsable du conditionnement des produits dans l'emballage (la personne ou l'entreprise). Toutefois, la responsabilité peut être volontairement ou obligatoirement assumée par l'expéditeur seul vis-à-vis du contrôle et dans ce cas, l'identification de « l'emballeur » au sens ci-dessus défini n'est plus nécessaire.

Identification

For inspection purposes, the "packer" is the person or firm responsible for the packaging of the produce (this does not mean the staff who actually carry out the work, who are responsible only to their employer). The code mark is not a trademark but an official control system enabling the person or firm responsible for packaging to be readily identified. The shipper may, however, voluntarily or compulsorily, assume sole responsibility for inspection purposes, in which case identification of the "packer" as defined above is no longer necessary.

Nature du produit

La mention du produit ne doit obligatoirement figurer que sur les emballages fermés et si le contenu n'est pas visible de l'extérieur.

Si la salade a été cultivée sous abri, cet élément doit être indiqué. L'indication de la variété est facultative.

Nature of produce

The name of the produce need only be stated on closed packages, whose contents are not visible from the outside.

When the produce has been grown under protection, this must be stated. Indication of the variety is optional.

| Texte officiel de la norme | Official text of the standard |

C. Origine du produit

– Pays d'origine et, éventuellement, zone de production ou appellation nationale, régionale ou locale.

C. Origin of produce

– Country of origin and, optionally, district where grown, or national, regional or local place name.

| Texte interprétatif de la norme | Interpretation of the standard |

Origine du produit

Le marquage devra mentionner le pays d'origine, c'est-à-dire le pays dans lequel les salades ont été produites (par exemple « France » ou « Allemagne »). Eventuellement, la zone de production ou une appellation nationale, régionale ou locale (par exemple « Bretagne » ou « Vallée du Rhin ») peut également être indiquée.

Origin of produce

Marking must include the country of origin *i.e.* the country in which the lettuces were grown (*e.g.* "France" or "Germany"). Optionally, district of origin in national, regional or local terms (*e.g.* "Brittany" or "Rhineland") may also be shown.

| Texte officiel | Official text |
| de la norme | of the standard |

D. Caractéristiques commerciales

- Catégorie.
- Calibre, exprimé par le poids minimal par pied, ou par le nombre de pieds.
- Poids net (facultatif).

E. Marque officielle de contrôle
(facultative)

D. Commercial specifications

- Class.
- Size, expressed by the minimum weight per unit, or number of units.
- Net weight (optional).

E. Official control mark (optional)

Texte interprétatif de la norme

Interpretation of the standard

Caractéristiques commerciales

Les indications suivantes sont obligatoires :

- la catégorie ; et
- le calibre, exprimé par le poids minimal par pied ou par le nombre de pieds.

L'indication du poids net du colis est facultative.

Commercial specifications

The following indications are compulsory:

- the class; and
- the size, indicated by the minimum weight per unit or by the number of units.

Stating the net weight is optional.

Exemple de marquage sur une étiquette*

Example of marking on a label*

* Cette étiquette correspond au modèle n° 2 figurant en annexe I de la Recommandation du Conseil concernant les dispositions générales d'étiquetage pour l'identification des fruits et légumes frais [C(72)100(Final)]. La catégorie en vigueur est indiquée à l'extrême droite. Le déclassement aura lieu en arrachant ou en cachant la bande d'identification externe.

* This label is in accordance with model No. 2 of Annex I of the Recommendation of the Council Concerning General Provisions for the Labelling and Identification of Fresh Fruit and Vegetables [C(72)100(Final)]. The class in force is indicated at the extreme right-hand side. The down-grading can be done by tearing off or obliterating the outer grade identification strip.

Texte interprétatif de la norme

Interpretation of the standard

Exemple de marquage imprimé sur le colis

Example of marking printed on the package

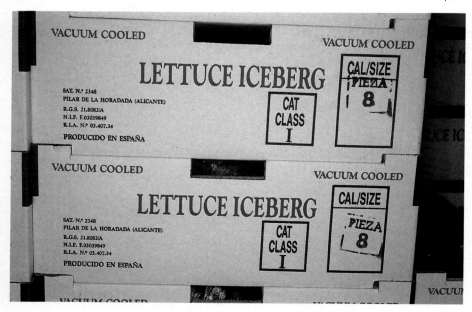

LISTE DES PAYS
actuellement adhérents au « Régime » de l'OCDE
pour l'application de normes internationales aux fruits et légumes*

LIST OF THE COUNTRIES
at present members of the "OECD Scheme"
for the application of international standards for fruit and vegetables*

Pays Membres de l'OCDE / Member countries of the OECD

    ALLEMAGNE/GERMANY
    AUSTRALIE/AUSTRALIA
    AUTRICHE/AUSTRIA
    BELGIQUE/BELGIUM
    DANEMARK/DENMARK
    ESPAGNE/SPAIN
    ÉTATS-UNIS D'AMÉRIQUE/UNITED STATES OF AMERICA
    FINLANDE/FINLAND
    FRANCE
    GRÈCE/GREECE
    HONGRIE/HUNGARY
    IRLANDE/IRELAND
    ITALIE/ITALY
    LUXEMBOURG
    NOUVELLE-ZÉLANDE/NEW ZEALAND
    PAYS-BAS/NETHERLANDS
    PORTUGAL
    RÉPUBLIQUE FÉDÉRATIVE TCHÈQUE / CZECH FEDERAL REPUBLIC
    ROYAUME-UNI/UNITED KINGDOM
    SUISSE/SWITZERLAND
    TURQUIE/TURKEY

Pays non membres de l'OCDE / Non-member countries

    AFRIQUE DU SUD/SOUTH AFRICA
    ISRAËL/ISRAEL
    ROUMANIE/ROUMANIA
    POLOGNE/POLAND

* A la date du 1er juillet 1996./On July 1, 1996.

ÉGALEMENT DISPONIBLES

Le Régime de l'OCDE pour l'application de la normalisation internationale aux fruits et légumes (1983)
(51 83 01 2)   ISBN 92-64-22420-3   FF 38 $US7.50   DM 19

Normalisation internationale des fruits et légumes

   Normalisation internationale des fruits et légumes. Pommes et poires (1983)
   (51 83 02 3)   ISBN 92-64-02413-1   FF 95 $US19.00   DM 47

   Normalisation internationale des fruits et légumes. Aubergines (1987)
   (51 87 02 3)   ISBN 92-64-02930-3   FF 75 $US15.00   DM 33

   Normalisation internationale des fruits et légumes. Table colorimétrique à l'usage des milieux commerciaux concernant la coloration de l'épiderme des pommes (1985)
   (51 84 04 3)   FF 90 $US18.00   DM 40

   Normalisation internationale des fruits et légumes. Aulx (1980)
   (51 80 07 3)   ISBN 92-64-02098-5   FF 48 $US12.00   DM 24

   Normalisation internationale des fruits et légumes. Oignons (1984)
   (51 83 11 3)   ISBN 92-64-02495-6   FF 70 $US14.00   DM 31

   Normalisation internationale des fruits et légumes. Pêches (1979)
   (51 79 09 3)   ISBN 92-64-01994-4   FF 36 $US9.00   DM 18

   Normalisation internationale des fruits et légumes. Fraises (1980)
   (51 80 02 3)   ISBN 92-64-02051-9   FF 30 $US7.50   DM 15

   Normalisation internationale des fruits et légumes. Poivrons doux (1982)
   (51 82 01 3)   ISBN 92-64-02321-6   FF 65 $US13.00   DM 33

   Normalisation internationale des fruits et légumes. Raisins de table (1980)
   (51 80 01 3)   ISBN 92-64-01997-9   FF 32 $US8.00   DM 16

   Normalisation internationale des fruits et légumes. Tomates (1988)
   (51 88 01 3)   ISBN 92-64-03063-8   FF 110 $US24.50   DM 48

   Normalisation internationale des fruits et légumes. Amandes douces en coque, noisettes en coque (1981)
   (51 81 09 3)   ISBN 92-64-02230-9   FF 80 $US18.00   DM 40

ALSO AVAILABLE

The OECD Scheme for the Application of International Standards for Fruit and Vegetables (1983)
(51 83 01 1)   ISBN 92-64-12420-9   FF 38   US$7.50   DM 19

International Standardisation of Fruit and Vegetables

    International Standardisation of Fruit and Vegetables. Apples and Pears (1983)
    (51 83 02 3)   ISBN 92-64-02413-1   FF 95   US$19.00   DM 47

    International Standardisation of Fruit and Vegetables. Aubergines (1987)
    (51 87 02 3)   ISBN 92-64-02930-3   FF 75   US$15.00   DM 33

    International Standardisation of Fruit and Vegetables. Colour Gauge for Use by the Trade in Gauging the Skin Colouring of Apples (1985)
    (51 84 04 3)   FF 90   US$18.00   DM 40

    International Standardisation of Fruit and Vegetables. Garlic (1980)
    (51 80 07 3)   ISBN 92-64-02098-5   FF 48   US$12.00   DM 24

    International Standardisation of Fruit and Vegetables. Onions (1984)
    (51 83 11 3)   ISBN 92-64-02495-6   FF 70   US$14.00   DM 31

    International Standardisation of Fruit and Vegetables. Peaches (1979)
    (51 79 09 3)   ISBN 92-64-01994-4   FF 36   US$9.00   DM 18

    International Standardisation of Fruit and Vegetables. Strawberries (1980)
    (51 80 02 3)   ISBN 92-64-02051-9   FF 30   US$7.50   DM 15

    International Standardisation of Fruit and Vegetables. Sweet Peppers (1982)
    (51 82 01 3)   ISBN 92-64-02321-6   FF 65   US$13.00   DM 33

    International Standardisation of Fruit and Vegetables. Table Grapes (1980)
    (51 80 01 3)   ISBN 92-64-01997-9   FF 32   US$8.00   DM 16

    International Standardisation of Fruit and Vegetables. Tomatoes (1988)
    (51 88 01 3)   ISBN 92-64-03063-8   FF 110   US$24.50   DM 48

    International Standardisation of Fruit and Vegetables. Unshelled Sweet Almonds, Unshelled Hazelnuts (1981)
    (51 81 09 3)   ISBN 92-64-02230-9   FF 80   US$18.00   DM 40

ÉGALEMENT DISPONIBLES *(suite)*

Normalisation internationale des fruits et légumes. Kiwis (1992)
(51 92 03 3)   ISBN 92-64-03697-0   FF 120 $US30.00   DM 48

Normalisation internationale des fruits et légumes. Mangues (1993)
(51 93 03 3)   ISBN 92-64-03893-0   FF 120 $US27.00   DM 50

Normalisation internationale des fruits et légumes. Chicorées Witloof (1994)
(51 94 03 3)   ISBN 92-64-04117-6   FFE 115   FF 90 $US20.00   DM 36

Normalisation internationale des fruits et légumes. Abricots (1994)
(51 94 07 3)   ISBN 92-64-04119-2   FFE 105   FF 80 $US18.00   DM 32

Normalisation internationale des fruits et légumes. Avocats (1995)
(51 95 03 3)   ISBN 92-64-04275-X   FFE 105   FF 80 $US19.00   DM 31

Prix de vente au public dans la librairie du siège de l'OCDE.
LE CATALOGUE DES PUBLICATIONS de l'OCDE et ses suppléments seront envoyés gratuitement sur demande adressée soit à l'OCDE, Service des Publications, soit au distributeur des publications de l'OCDE de votre pays.

ALSO AVAILABLE *(continued)*

International Standardisation of Fruit and Vegetables. Kiwifruit (1992)
(51 92 03 3)   ISBN 92-64-03697-0   FF 120   US$30.00   DM 48

International Standardisation of Fruit and Vegetables. Mangoes (1993)
(51 93 03 3)   ISBN 92-64-03893-0   FF 120   US$27.00   DM 50

International Standardisation of Fruit and Vegetables. Witloof Chicories (1994)
(51 94 03 3)   ISBN 92-64-04117-6   FFE 115   FF 90   US$20.00   DM 36

International Standardisation of Fruit and Vegetables. Apricots (1994)
(51 94 07 3)   ISBN 92-64-04119-2   FFE 105   FF 80   US$18.00   DM 32

International Standardisation of Fruit and Vegetables. Avocados (1995)
(51 95 03 3)   ISBN 92-64-04275-X   FFE 105   FF 80   US$19.00   DM 31

Prices charged at the OECD Bookshop.
THE OECD CATALOGUE OF PUBLICATIONS and supplements will be sent free of charge on request addressed either to OECD Publications Service, or to the OECD Distributor in your country.

MAIN SALES OUTLETS OF OECD PUBLICATIONS
PRINCIPAUX POINTS DE VENTE DES PUBLICATIONS DE L'OCDE

AUSTRALIA – AUSTRALIE
D.A. Information Services
648 Whitehorse Road, P.O.B 163
Mitcham, Victoria 3132　Tel. (03) 9210.7777
　　　　　　　　　　　　Fax: (03) 9210.7788

AUSTRIA – AUTRICHE
Gerold & Co.
Graben 31
Wien I　　　　　　　Tel. (0222) 533.50.14
　　　　　　　　　Fax: (0222) 512.47.31.29

BELGIUM – BELGIQUE
Jean De Lannoy
Avenue du Roi, Koningslaan 202
B-1060 Bruxelles
　　　　　　Tel. (02) 538.51.69/538.08.41
　　　　　　　　　　Fax: (02) 538.08.41

CANADA
Renouf Publishing Company Ltd.
1294 Algoma Road
Ottawa, ON K1B 3W8　Tel. (613) 741.4333
　　　　　　　　　　Fax: (613) 741.5439
Stores:
61 Sparks Street
Ottawa, ON K1P 5R1　Tel. (613) 238.8985

12 Adelaide Street West
Toronto, ON M5H 1L6　Tel. (416) 363.3171
　　　　　　　　　　Fax: (416)363.59.63

Les Éditions La Liberté Inc.
3020 Chemin Sainte-Foy
Sainte-Foy, PQ G1X 3V6　Tel. (418) 658.3763
　　　　　　　　　　　Fax: (418) 658.3763

Federal Publications Inc.
165 University Avenue, Suite 701
Toronto, ON M5H 3B8　Tel. (416) 860.1611
　　　　　　　　　　Fax: (416) 860.1608

Les Publications Fédérales
1185 Université
Montréal, QC H3B 3A7　Tel. (514) 954.1633
　　　　　　　　　　Fax: (514) 954.1635

CHINA – CHINE
China National Publications Import
Export Corporation (CNPIEC)
16 Gongti E. Road, Chaoyang District
P.O. Box 88 or 50
Beijing 100704 PR　　Tel. (01) 506.6688
　　　　　　　　　　Fax: (01) 506.3101

CHINESE TAIPEI – TAIPEI CHINOIS
Good Faith Worldwide Int'l. Co. Ltd.
9th Floor, No. 118, Sec. 2
Chung Hsiao E. Road
Taipei　　　Tel. (02) 391.7396/391.7397
　　　　　　　　　　Fax: (02) 394.9176

CZECH REPUBLIC – RÉPUBLIQUE TCHÈQUE
National Information Centre
NIS – prodejna
Konviktská 5
Praha 1 – 113 57　　Tel. (02) 24.23.09.07
　　　　　　　　　Fax: (02) 24.22.94.33
(Contact Ms Jana Pospisilova,
nkposp@dec.niz.cz)

DENMARK – DANEMARK
Munksgaard Book and Subscription Service
35, Nørre Søgade, P.O. Box 2148
DK-1016 København K　　Tel. (33) 12.85.70
　　　　　　　　　　　　Fax: (33) 12.93.87

J. H. Schultz Information A/S,
Herstedvang 12,
DK – 2620 Albertslung　Tel. 43 63 23 00
　　　　　　　　　　　Fax: 43 63 19 69
Internet: s-info@inet.uni-c.dk

EGYPT – ÉGYPTE
The Middle East Observer
41 Sherif Street
Cairo　　　　　　　Tel. 392.6919
　　　　　　　　　Fax: 360-6804

FINLAND – FINLANDE
Akateeminen Kirjakauppa
Keskuskatu 1, P.O. Box 128
00100 Helsinki

Subscription Services/Agence d'abonnements :
P.O. Box 23
00371 Helsinki　　Tel. (358 0) 121 4416
　　　　　　　　Fax: (358 0) 121.4450

FRANCE
OECD/OCDE
Mail Orders/Commandes par correspondance :
2, rue André-Pascal
75775 Paris Cedex 16　Tel. (33-1) 45.24.82.00
　　　　　　　　　　　Fax: (33-1) 49.10.42.76
　　　　　　　　　　　Telex: 640048 OCDE
Internet: Compte.PUBSINQ@oecd.org

Orders via Minitel, France only/
Commandes par Minitel, France exclusivement :
36 15 OCDE

OECD Bookshop/Librairie de l'OCDE :
33, rue Octave-Feuillet
75016 Paris　　Tél. (33-1) 45.24.81.81
　　　　　　　　(33-1) 45.24.81.67

Dawson
B.P. 40
91121 Palaiseau Cedex　Tel. 69.10.47.00
　　　　　　　　　　　Fax: 64.54.83.26

Documentation Française
29, quai Voltaire
75007 Paris　　　　Tel. 40.15.70.00

Economica
49, rue Héricart
75015 Paris　　　　Tel. 45.75.05.67
　　　　　　　　　Fax: 40.58.15.70

Gibert Jeune (Droit-Économie)
6, place Saint-Michel
75006 Paris　　　　Tel. 43.25.91.19

Librairie du Commerce International
10, avenue d'Iéna
75016 Paris　　　　Tel. 40.73.34.60

Librairie Dunod
Université Paris-Dauphine
Place du Maréchal-de-Lattre-de-Tassigny
75016 Paris　　　Tel. 44.05.40.13

Librairie Lavoisier
11, rue Lavoisier
75008 Paris　　　　Tel. 42.65.39.95

Librairie des Sciences Politiques
30, rue Saint-Guillaume
75007 Paris　　　　Tel. 45.48.36.02

P.U.F.
49, boulevard Saint-Michel
75005 Paris　　　　Tel. 43.25.83.40

Librairie de l'Université
12a, rue Nazareth
13100 Aix-en-Provence　Tel. (16) 42.26.18.08

Documentation Française
165, rue Garibaldi
69003 Lyon　　　　Tel. (16) 78.63.32.23

Librairie Decitre
29, place Bellecour
69002 Lyon　　　　Tel. (16) 72.40.54.54

Librairie Sauramps
Le Triangle
34967 Montpellier Cedex 2
　　　　　　　　Tel. (16) 67.58.85.15
　　　　　　　　Fax: (16) 67.58.27.36

A la Sorbonne Actual
23, rue de l'Hôtel-des-Postes
06000 Nice　　　Tel. (16) 93.13.77.75
　　　　　　　　Fax: (16) 93.80.75.69

GERMANY – ALLEMAGNE
OECD Bonn Centre
August-Bebel-Allee 6
D-53175 Bonn　　Tel. (0228) 959.120
　　　　　　　　Fax: (0228) 959.12.17

GREECE – GRÈCE
Librairie Kauffmann
Stadiou 28
10564 Athens　　Tel. (01) 32.55.321
　　　　　　　　Fax: (01) 32.30.320

HONG-KONG
Swindon Book Co. Ltd.
Astoria Bldg. 3F
34 Ashley Road, Tsimshatsui
Kowloon, Hong Kong　Tel. 2376.2062
　　　　　　　　　　Fax: 2376.0685

HUNGARY – HONGRIE
Euro Info Service
Margitsziget, Európa Ház
1138 Budapest　　Tel. (1) 111.62.16
　　　　　　　　Fax: (1) 111.60.61

ICELAND – ISLANDE
Mál Mog Menning
Laugavegi 18, Pósthólf 392
121 Reykjavik　　Tel. (1) 552.4240
　　　　　　　　Fax: (1) 562.3523

INDIA – INDE
Oxford Book and Stationery Co.
Scindia House
New Delhi 110001　Tel. (11) 331.5896/5308
　　　　　　　　　Fax: (11) 371.8275

17 Park Street
Calcutta 700016　　Tel. 240832

INDONESIA – INDONÉSIE
Pdii-Lipi
P.O. Box 4298
Jakarta 12042　　Tel. (21) 573.34.67
　　　　　　　　Fax: (21) 573.34.67

IRELAND – IRLANDE
Government Supplies Agency
Publications Section
4/5 Harcourt Road
Dublin 2　　　　Tel. 661.31.11
　　　　　　　　Fax: 475.27.60

ISRAEL – ISRAËL
Praedicta
5 Shatner Street
P.O. Box 34030
Jerusalem 91430　Tel. (2) 52.84.90/1/2
　　　　　　　　Fax: (2) 52.84.93

R.O.Y. International
P.O. Box 13056
Tel Aviv 61130　　Tel. (3) 546 1423
　　　　　　　　Fax: (3) 546 1442

Palestinian Authority/Middle East:
INDEX Information Services
P.O.B. 19502
Jerusalem　　　　Tel. (2) 27.12.19
　　　　　　　　Fax: (2) 27.16.34

ITALY – ITALIE
Libreria Commissionaria Sansoni
Via Duca di Calabria 1/1
50125 Firenze　　Tel. (055) 64.54.15
　　　　　　　　Fax: (055) 64.12.57

Via Bartolini 29
20155 Milano　　Tel. (02) 36.50.83

Editrice e Libreria Herder
Piazza Montecitorio 120
00186 Roma　　　Tel. 679.46.28
　　　　　　　　Fax: 678.47.51

Libreria Hoepli
Via Hoepli 5
20121 Milano Tel. (02) 86.54.46
  Fax: (02) 805.28.86

Libreria Scientifica
Dott. Lucio de Biasio 'Aeiou'
Via Coronelli, 6
20146 Milano Tel. (02) 48.95.45.52
  Fax: (02) 48.95.45.48

JAPAN – JAPON
OECD Tokyo Centre
Landic Akasaka Building
2-3-4 Akasaka, Minato-ku
Tokyo 107 Tel. (81.3) 3586.2016
  Fax: (81.3) 3584.7929

KOREA – CORÉE
Kyobo Book Centre Co. Ltd.
P.O. Box 1658, Kwang Hwa Moon
Seoul Tel. 730.78.91
  Fax: 735.00.30

MALAYSIA – MALAISIE
University of Malaya Bookshop
University of Malaya
P.O. Box 1127, Jalan Pantai Baru
59700 Kuala Lumpur
Malaysia Tel. 756.5000/756.5425
  Fax: 756.3246

MEXICO – MEXIQUE
OECD Mexico Centre
Edificio INFOTEC
Av. San Fernando no. 37
Col. Toriello Guerra
Tlalpan C.P. 14050
Mexico D.F. Tel. (525) 665 47 99
  Fax: (525) 606 13 07

NETHERLANDS – PAYS-BAS
SDU Uitgeverij Plantijnstraat
Externe Fondsen
Postbus 20014
2500 EA's-Gravenhage Tel. (070) 37.89.880
Voor bestellingen: Fax: (070) 34.75.778

Subscription Agency/Agence d'abonnements :
SWETS & ZEITLINGER BV
Heereweg 347B
P.O. Box 830
2160 SZ Lisse Tel. 252.435.111
  Fax: 252.415.888

**NEW ZEALAND –
NOUVELLE-ZÉLANDE**
GPLegislation Services
P.O. Box 12418
Thorndon, Wellington Tel. (04) 496.5655
  Fax: (04) 496.5698

NORWAY – NORVÈGE
NIC INFO A/S
Ostensjoveien 18
P.O. Box 6512 Etterstad
0606 Oslo Tel. (22) 97.45.00
  Fax: (22) 97.45.45

PAKISTAN
Mirza Book Agency
65 Shahrah Quaid-E-Azam
Lahore 54000 Tel. (42) 735.36.01
  Fax: (42) 576.37.14

PHILIPPINE – PHILIPPINES
International Booksource Center Inc.
Rm 179/920 Cityland 10 Condo Tower 2
HV dela Costa Ext cor Valero St.
Makati Metro Manila Tel. (632) 817 9676
  Fax: (632) 817 1741

POLAND – POLOGNE
Ars Polona
00-950 Warszawa
Krakowskie Prezdmiescie 7 Tel. (22) 264760
  Fax: (22) 265334

PORTUGAL
Livraria Portugal
Rua do Carmo 70-74
Apart. 2681
1200 Lisboa Tel. (01) 347.49.82/5
  Fax: (01) 347.02.64

SINGAPORE – SINGAPOUR
Ashgate Publishing
Asia Pacific Pte. Ltd
Golden Wheel Building, 04-03
41, Kallang Pudding Road
Singapore 349316 Tel. 741.5166
  Fax: 742.9356

SPAIN – ESPAGNE
Mundi-Prensa Libros S.A.
Castelló 37, Apartado 1223
Madrid 28001 Tel. (91) 431.33.99
  Fax: (91) 575.39.98

Mundi-Prensa Barcelona
Consell de Cent No. 391
08009 – Barcelona Tel. (93) 488.34.92
  Fax: (93) 487.76.59

Llibreria de la Generalitat
Palau Moja
Rambla dels Estudis, 118
08002 – Barcelona
  (Subscripcions) Tel. (93) 318.80.12
  (Publicacions) Tel. (93) 302.67.23
  Fax: (93) 412.18.54

SRI LANKA
Centre for Policy Research
c/o Colombo Agencies Ltd.
No. 300-304, Galle Road
Colombo 3 Tel. (1) 574240, 573551-2
  Fax: (1) 575394, 510711

SWEDEN – SUÈDE
CE Fritzes AB
S-106 47 Stockholm Tel. (08) 690.90.90
  Fax: (08) 20.50.21

For electronic publications only/
Publications électroniques seulement
STATISTICS SWEDEN
Informationsservice
S-115 81 Stockholm Tel. 8 783 5066
  Fax: 8 783 4045

Subscription Agency/Agence d'abonnements :
Wennergren-Williams Info AB
P.O. Box 1305
171 25 Solna Tel. (08) 705.97.50
  Fax: (08) 27.00.71

SWITZERLAND – SUISSE
Maditec S.A. (Books and Periodicals/Livres
et périodiques)
Chemin des Palettes 4
Case postale 266
1020 Renens VD 1 Tel. (021) 635.08.65
  Fax: (021) 635.07.80

Librairie Payot S.A.
4, place Pépinet
CP 3212
1002 Lausanne Tel. (021) 320.25.11
  Fax: (021) 320.25.14

Librairie Unilivres
6, rue de Candolle
1205 Genève Tel. (022) 320.26.23
  Fax: (022) 329.73.18

Subscription Agency/Agence d'abonnements :
Dynapresse Marketing S.A.
38, avenue Vibert
1227 Carouge Tel. (022) 308.08.70
  Fax: (022) 308.07.99

See also – Voir aussi :
OECD Bonn Centre
August-Bebel-Allee 6
D-53175 Bonn (Germany)
  Tel. (0228) 959.120
  Fax: (0228) 959.12.17

THAILAND – THAÏLANDE
Suksit Siam Co. Ltd.
113, 115 Fuang Nakhon Rd.
Opp. Wat Rajbopith
Bangkok 10200 Tel. (662) 225.9531/2
  Fax: (662) 222.5188

**TRINIDAD & TOBAGO, CARIBBEAN
TRINITÉ-ET-TOBAGO, CARAÏBES**
SSL Systematics Studies Limited
9 Watts Street
Curepe, Trinidad & Tobago, W.I.
  Tel. (1809) 645.3475
  Fax: (1809) 662.5654

TUNISIA – TUNISIE
Grande Librairie Spécialisée
Fendri Ali
Avenue Haffouz Imm El-Intilaka
Bloc B 1 Sfax 3000 Tel. (216-4) 296 855
  Fax: (216-4) 298.270

TURKEY – TURQUIE
Kültür Yayinlari Is-Türk Ltd. Sti.
Atatürk Bulvari No. 191/Kat 13
06684 Kavaklidere/Ankara
  Tél. (312) 428.11.40 Ext. 2458
  Fax : (312) 417.24.90
  et 425.07.50-51-52-53

Dolmabahce Cad. No. 29
Besiktas/Istanbul Tel. (212) 260 7188

UNITED KINGDOM – ROYAUME-UNI
HMSO
Gen. enquiries Tel. (0171) 873 0011
  Fax: (0171) 873 8463

Postal orders only:
P.O. Box 276, London SW8 5DT
Personal Callers HMSO Bookshop
49 High Holborn, London WC1V 6HB
Branches at: Belfast, Birmingham, Bristol,
Edinburgh, Manchester

UNITED STATES – ÉTATS-UNIS
OECD Washington Center
2001 L Street N.W., Suite 650
Washington, D.C. 20036-4922
  Tel. (202) 785.6323
  Fax: (202) 785.0350
Internet: washcont@oecd.org
Subscriptions to OECD periodicals may also
be placed through main subscription agencies.

Les abonnements aux publications périodiques
de l'OCDE peuvent être souscrits auprès des
principales agences d'abonnement.

Orders and inquiries from countries where Distributors have not yet been appointed should be sent to: OECD Publications, 2, rue André-Pascal, 75775 Paris Cedex 16, France.

Les commandes provenant de pays où l'OCDE n'a pas encore désigné de distributeur peuvent être adressées aux Éditions de l'OCDE, 2, rue André-Pascal, 75775 Paris Cedex 16, France.

8-1996

LES ÉDITIONS DE L'OCDE, 2, rue André-Pascal, 75775 PARIS CEDEX 16
IMPRIMÉ EN FRANCE
(51 96 04 3) ISBN 92-64-04844-8 – n° 48806 1996